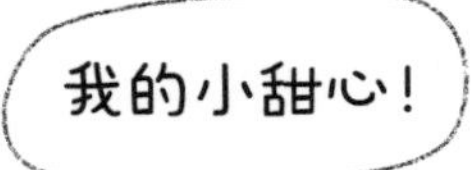

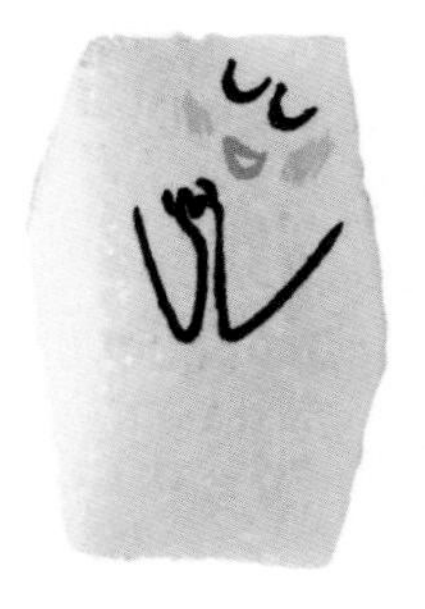

桂图登字：20—2019—044

Original edition: LA SCIENCE EST DANS LE SUCRE
by Cécile Jugla & Jack Guichard & Laurent Simon

图书在版编目（CIP）数据

糖 /（法）西西里 · 雨果拉，（法）杰克 · 吉夏尔著；（法）罗朗 · 西蒙绘；曹杨译 . — 南宁：接力出版社，2021.3
（万物里的科学）
ISBN 978-7-5448-7025-2

Ⅰ . ①糖… Ⅱ . ①西… ②杰… ③罗… ④曹… Ⅲ . ①科学实验－儿童读物 Ⅳ . ① N33-49

中国版本图书馆 CIP 数据核字（2021）第 017534 号

责任编辑：郝 娜 陈潇潇 美术编辑：王 辉
责任校对：张琦锋 责任监印：史 敬 版权联络：闫安琪
社长：黄 俭 总编辑：白 冰
出版发行：接力出版社 社址：广西南宁市园湖南路 9 号 邮编：530022
电话：010-65546561（发行部） 传真：010-65545210（发行部） http://www.jielibj.com
E-mail:jieli@jielibook.com 印制：北京富诚彩色印刷有限公司 开本：889 毫米 ×1194 毫米 1/16
印张：2 字数：30 千字 版次：2021 年 3 月第 1 版 印次：2021 年 3 月第 1 次印刷
印数：00 001—12 000 册 定价：36.00 元

万物里的科学

糖

TANG

[法]西西里·雨果拉　[法]杰克·吉夏尔　著
[法]罗朗·西蒙　绘　曹　杨　译　付　强　审订

接力出版社
Publishing House

目录

认识糖

从橱柜里取出细砂糖和方糖，仔细观察它们。

我可以用方糖块砌一面笔直的墙！

方糖是什么样的？细砂糖是什么样的？

硬硬的　软软的　粗粗的

滑滑的　亮亮的　暗暗的

脆脆的　弹弹的

糖是用什么制成的？

牛奶

甜菜

油

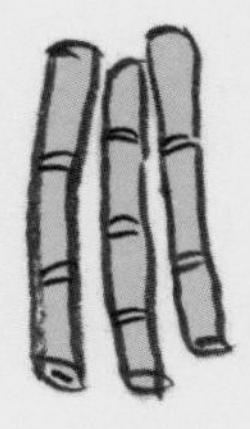
甘蔗

鸡蛋

答案：甘蔗和甜菜。在工厂里，工人们把糖从甘蔗和甜菜中提炼出来。

喵！喵呜！

像我一样在砂糖上踩出脚印吧！

糖是什么颜色的？

紫色　　红棕色　　绿色　　白色　　蓝红条纹

答案：甜菜和甘蔗中的糖经过提炼，变成白色的砂糖和红棕色红糖。

指出不含糖的食物：

蜂蜜

蛋糕

香蕉

糖果

水

胡萝卜

牛奶

答案：水。其他食物中都含有不同形式的糖。牛奶里会有乳糖；水果里会有果糖。

细砂糖砌不了墙：它从我的指缝间流出，散落一地。

太棒了！你已经从多方面观察过了糖。现在快翻到下一页，去进一步了解它吧！

自制方糖

半天后

糖的晶体是什么？

是由大量长方体结构堆叠而成的固态物质，表面光滑、可反射光。雪、盐、某些宝石也是由晶体构成的。

真棒！你已经完全了解方糖的制作方法和结构啦！

自制各种各样的糖粉

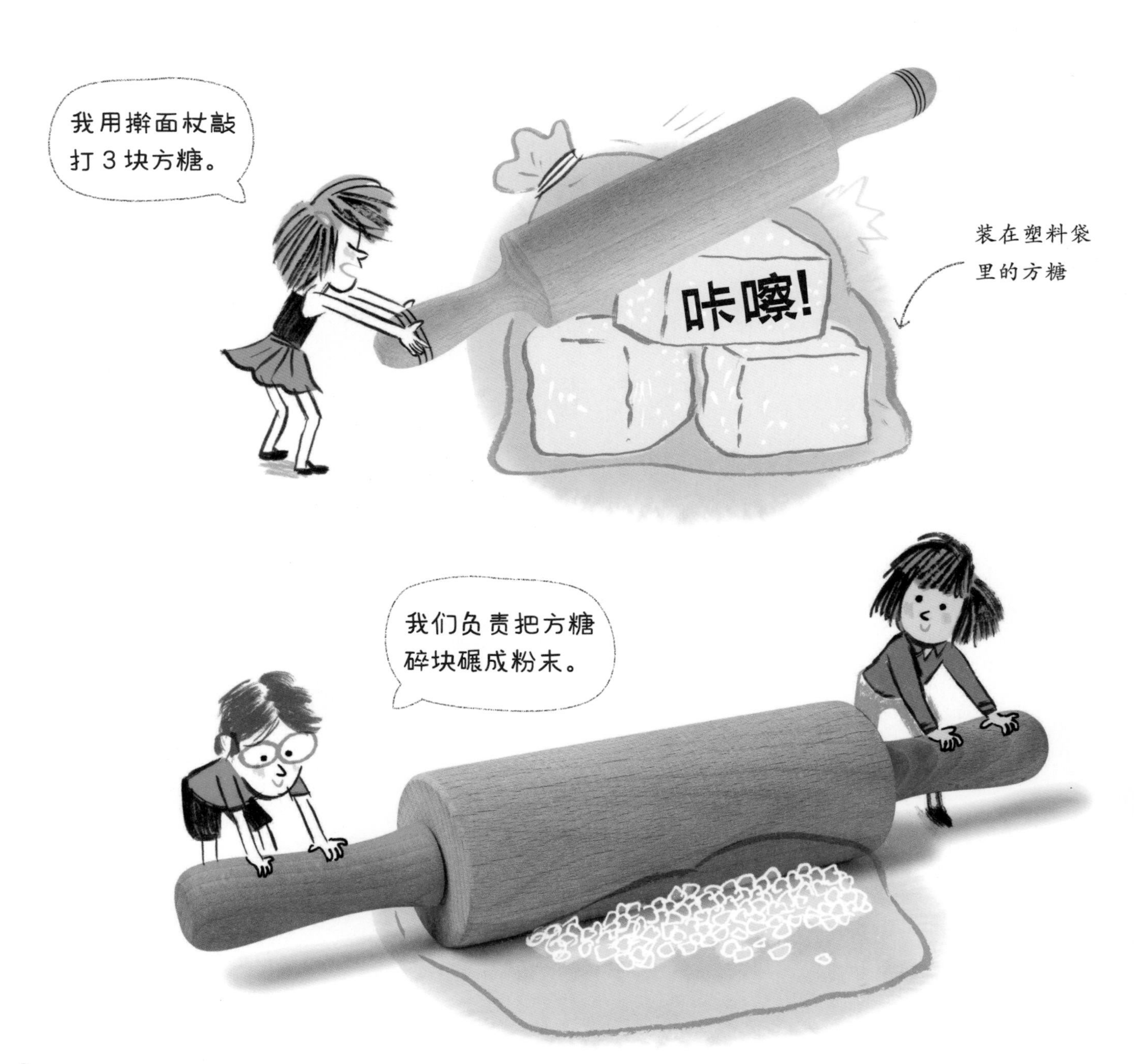

难以置信！

人们制作各种各样的糖粉时，用到的也是筛分原理。

真棒！你已经掌握了制作糖粉的技巧，可以开家制糖厂啦。

黏黏的糖

我在这颗心上撒上彩色糖针：糖针被粘住了。

再说件小事

你可以用自制的糖浆把两块饼干粘在一起。

一块漂亮的爱心饼干制成啦！

糖针为什么会被粘住？

在糖浆变干的过程中，水分渐渐蒸发出去。水分流失后，糖粉中的微粒粘住了饼干和糖针。

太好啦，你已经学会利用糖的黏性啦！

自制棒棒糖

可以加入一滴食用色素，让棒棒糖更漂亮。

难以置信！

等量的水中，热水可以溶解的糖比冷水多两倍。

我用夹子夹住细棍，把细棍插入装满糖浆的杯子。

细棍既不接触杯底，也不接触杯口。

为防止糖浆变质，可以在杯口盖上一层食品保鲜膜。

变温的糖浆

7天后

我的细棍上粘满了糖的晶体：纯正的棒棒糖制成啦！

真好吃！

细棍上的糖晶体是怎样形成的？

糖浆中的水渐渐蒸发，越来越少。随着水分流失，过量溶解的糖析出形成晶体，附着在细棍上原有的糖晶体上，同时也附着在杯底和杯口的灰尘颗粒上。这就是糖的结晶过程。

美食万岁！你发现了糖的结晶原理。

让糖在水中消失

再说件小事

把一块方糖放进油里：糖块不会溶解，完好无损。

糖真的在水里消失了吗？

没有。糖只是溶解了——糖微粒和水分子相互吸引、结合，形成溶液。热水中的微粒更为活跃，也就更有利于糖的溶解。

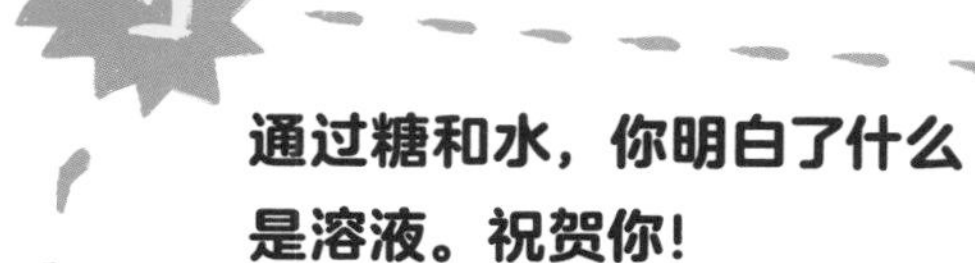

通过糖和水，你明白了什么是溶液。祝贺你！

让水爬上糖块

这是一座用糖块堆成的漂亮建筑。

水很快就爬上了底层的糖块。

我向盘子里注入带颜色的水。

加入两滴食用色素，水就有颜色了。也可以把水和咖啡混在一起。

水是怎样爬上糖块的？

糖颗粒之间的空隙形成了管道一样的通道。水就是顺着这些通道钻上去的。我们说，水通过毛细作用爬上了糖块。

爬上糖块的水溶解了糖块。

难以置信！

一座房子的墙壁，如果防水层做得不好，水就会通过毛细作用向上爬并损毁墙壁。

不可思议！你已经完全了解了毛细作用！

水果“瘦身”

这个实验也可以用其他水果来做。

糖浆的制作方法见第 12 页。

8小时后

为什么苹果块会变大或变小 

苹果内含有水和糖。在浓度很高的糖水里时，苹果中的水分会流出来，苹果就会变小。在纯净水里时，纯净水会进入苹果，使苹果膨胀变大。这就是渗透原理：哪里浓度更高，水就会流向哪里。

你已经发现了渗透原理，真是个小小科学家！

跳跳糖

我向茶碟里倒入薄薄一层细砂糖。
好嘞，糖粒已经躺在碟子里了，不许动！
这人真是异想天开：糖粒怎么会动呢？除非是在被倒出来的时候！
深色茶碟

再说件小事

用手指在保鲜膜上写一个字母：糖粒会粘在你手指滑过的地方，拼出这个字母。

糖粒怎么会自己跳起来呢？

手指摩擦保鲜膜时会产生静电。糖粒很轻，能被静电吸附起来，在空中跳跃。

你能利用静电让糖粒跳舞，太厉害啦！

油糖共舞

我先倒水，再倒油：油漂在了水面上。现在，我再加入细砂糖……
油
2cm 厚的油层
3/4 杯水
糖层
糖带着油沉到了水底。
可以加入两滴色素，让水变得更漂亮。

难以置信！

有一种“熔岩灯”，它的底部是彩色的蜡。灯底座加热后，蜡受热变轻，呈球状慢慢上浮。在顶端，蜡球变凉……继而下沉。非常漂亮！

油和糖在水中发生了什么？

油比水轻，漂浮在水面上。比水重的糖则裹着油滴下沉到水底。沉底后，油跑了出来，重新漂向水面。

太棒啦！你已经理解了阿基米德浮力定律，知道了油为什么会上浮、糖为什么会下沉。

自制焦糖糖果

砂糖为什么变成了液体，而且改变了颜色？

受热后，砂糖发生化学反应，转变成了一种新物质：焦糖。如果不及时关火，焦糖就会被烧煳。

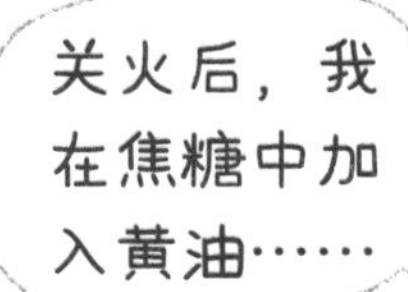

再把黄油和焦糖的混合物做成糖果。

在使砂糖焦化的过程中，你既是大厨，也是化学家。

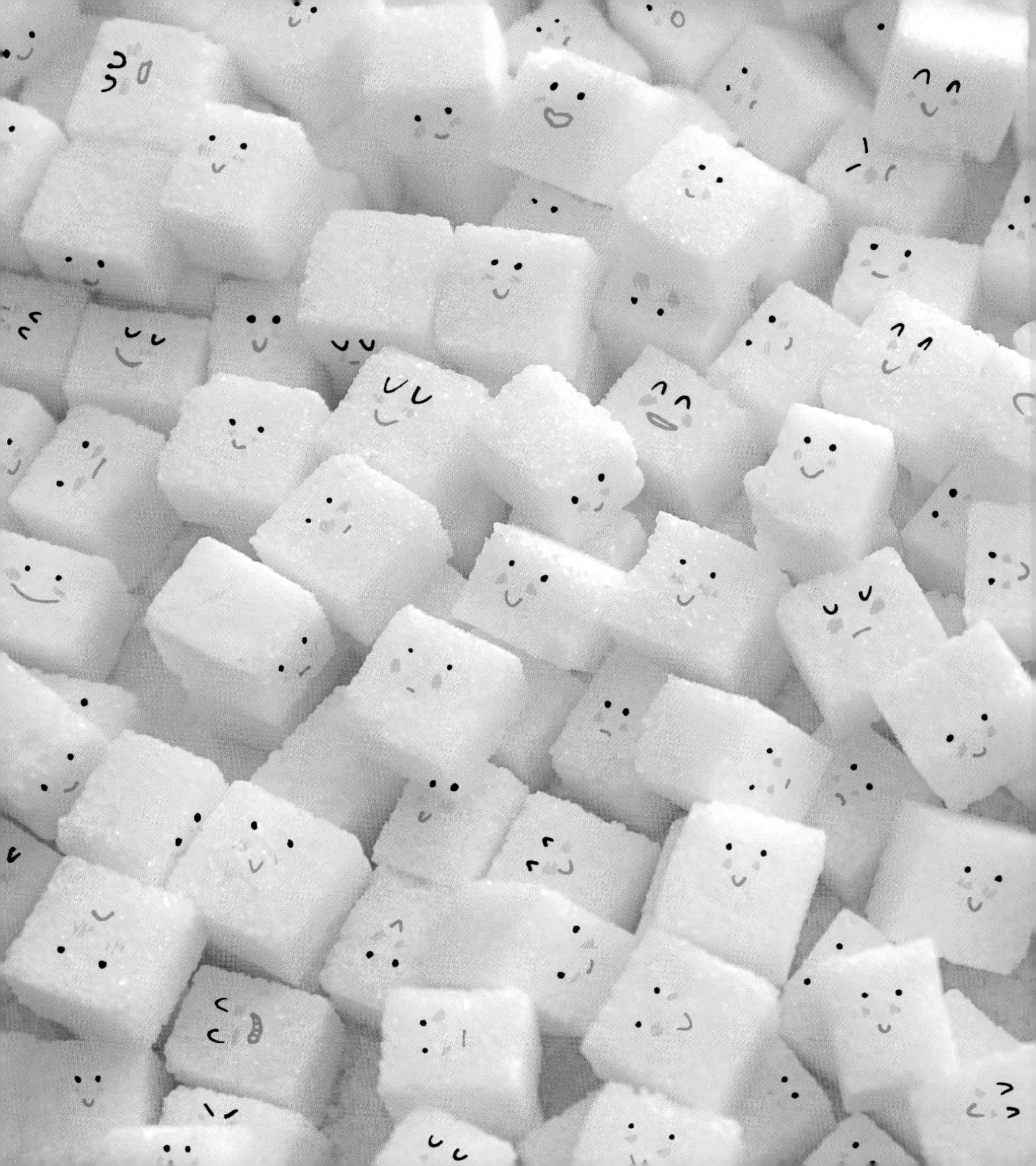